PLANETA ANIMAL

LOS BABUINOS

POR MARI BOLTE

CREATIVE EDUCATION • CREATIVE PAPERBACKS

Publicado por Creative Education y Creative Paperbacks
P.O. Box 227, Mankato, Minnesota 56002
Creative Education y Creative Paperbacks
son marcas editoriales de The Creative Company
www.thecreativecompany.us

Diseño de The Design Lab
Dirección de arte de Graham Morgan
Editado de Jill Kalz

Fotografías de Alamy Stock Photo/Rob Crandall, 19; flickr/Biodiversity Heritage Library, 22-23; Getty Images/Attie Gerber, 8; Pexels/Dario Fernandez Ruz, 18, Frans van Heerden, 10, 13, Jesús Esteban San José, portada, 1, Og Mpango, 6, Ralph, 5, Tayla Walsh, 2; Unsplash/Andrew Liu, 16, Charl Durand, 21, Dawn W, 9, Ramon Vloon, 17; Wikimedia Commons/Bernard DUPONT, 14

Library of Congress Cataloging-in-Publication Data
Names: Bolte, Mari, author.
Title: Los babuinos / by Mari Bolte.
Other titles: Baboons. Spanish
Description: Mankato, Minnesota : Creative Education and Creative Paperbacks, [2025] | Series: Planeta animal | Includes bibliographical references and index. | Audience: Ages 6–9 | Audience: Grades 2–3 | Summary: "Discover the baboon, one of the world's largest monkeys, in this North American Spanish translation! Explore the primate's anatomy, diet, habitat, and life cycle. Captions, on-page definitions, an ancient Egyptian animal myth, and an index support elementary-aged kids"—Provided by publisher.
Identifiers: LCCN 2024018533 (print) | LCCN 2024018534 (ebook) | ISBN 9798889895541 (library binding) | ISBN 9781682777398 (paperback) | ISBN 9798889895640 (ebook)
Subjects: LCSH: Baboons—Juvenile literature.
Classification: LCC QL737.P93 B6518 2025 (print) | LCC QL737.P93 (ebook) | DDC 599.8/65—dc23/eng/20240523

Impreso en China

Índice

Los babuinos hamadryas macho son conocidos por su cara rosada y su espeso pelaje gris plateado.

Los babuinos son unos de los monos más grandes del planeta. Los monos pertenecen a un grupo de animales llamados **primates**. La mayoría de los primates, incluidos los babuinos, tienen brazos largos y **pulgares oponibles**. Existen cinco tipos de babuinos. Viven en África y Arabia.

pulgares oponibles pulgares que pueden moverse contra los dedos de la misma mano

primates animales que tienen pelo o piel, cerebros grandes y manos que se agarran

La cola de un babuino puede medir más de 2 pies (0,6 metros).

La mayoría de los babuinos viven en espacios abiertos, como sabanas o praderas. Otros viven en bosques o montañas. Los babuinos pasan mucho tiempo en el suelo. Pero para ver acercarse el peligro, necesitan árboles u otros lugares altos.

sabanas llanuras cubiertas de hierba con pocos árboles

Los brazos y piernas fuertes ayudan a los babuinos a trepar a los árboles. También lo hacen las manos y los pies que se agarran. En los árboles, los babuinos encuentran comida, lugares para dormir y seguridad. Los babuinos tienen cola, pero no pueden utilizarla para trepar o agarrar cosas.

Los babuinos trepan a los árboles para escapar de leopardos, hienas y otros carnívoros.

¡Los caninos de un babuino pueden crecer más que los de un león!

Los babuinos tienen el pelaje en tonos grises, marrones, amarillos y rojos. Su largo hocico tiene muchos dientes. Los dientes traseros y planos trituran las hojas duras. Los afilados caninos rasgan y desgarran. Los machos utilizan estos dientes para luchar.

caninos dientes puntiagudos cerca de la parte delantera de la boca

Los babuinos comen mucha hierba. También comen corteza de árbol, raíces, semillas y otras partes de plantas. A veces también comen de pequeños animales, peces y pájaros. ¡Los babuinos comen casi de todo!

Al igual que los humanos, los babuinos utilizan las manos para agarrar, sujetar, recoger y pelar su comida.

Los babuinos viven en grupos llamados tropas. Las tropas pueden tener de 10 a 300 miembros. Los machos lideran y a menudo luchan por estar al mando. Las hembras permanecen con su tropa toda la vida. Los machos jóvenes deben marcharse para unirse a otra tropa.

Las hembras y sus crías forman la parte principal de una tropa de babuinos.

Los bebés babuinos se llaman infantes. Cuando nacen, pesan alrededor de 2 libras (0,9 kilogramos). Los bebés se agarran con fuerza al pelaje de su madre. Beben leche de ella durante todo el día.

La mayoría de los babuinos tienen un infante a la vez.

Humanos son el mayor peligro para los babuinos. Los babuinos y las personas viven a menudo cerca unos de otros. Deben compartir la misma agua y la misma tierra. Una tropa de babuinos puede destruir rápidamente el campo de un granjero. A veces la gente envenena o mata a los babuinos.

Los babuinos machos jóvenes sin tropa son más propensos a cruzarse con la gente.

Los babuinos y otros tipos de monos pueden emitir sonidos parecidos a los humanos. Se han registrado al menos cinco sonidos parecidos a las vocales. Los científicos estudian a los babuinos -y sus sonidos- para saber más sobre estos animales asombrosos.

Los babuinos recogen garrapatas y otros insectos del pelaje de los demás, lo que se llama acicalamiento.

Un cuento de babuinos

En el antiguo Egipto, el dios de la luna Thot tenía cabeza de babuino. También era el dios de la escritura, la aritmética y el conocimiento. Regaló al pueblo el calendario egipcio. Su calendario es el más antiguo que se conoce en el mundo. Como el que utilizamos hoy en día, tenía 365 días agrupados en 12 meses. El primer mes del año llevaba el nombre de Thot.

Índice